目次

關於封面
為了特集的採訪前往金澤。
金澤過去是加賀百萬石的城下町，是個洋溢著歷史文化風情的城市，飲食文化也和京都接近，所以有種類豐富的麩。
在金澤買的麩，就成了這期封面的主角。
攝影師日置武晴把人形的麩堆成兩排，但是有一排倒塌了，就維持這個樣貌也挺有趣的，於是拍成了封面的照片。

特集1

想試著做做看小青蛙的蜂蜜蛋糕！

蓬鬆柔軟的口感，
加上爽脆砂糖的調和。
小青蛙*的蜂蜜蛋糕
有著非常簡單而令人懷念的味道。
這是來自她婆婆的指導、
在多次嘗試失敗之後所得出的食譜。
《日々》的夥伴們也非常喜歡的蜂蜜蛋糕，
現在要告訴大家它的做法。

文—高橋良枝　攝影—公文美和　翻譯—王筱玲

*譯註：小青蛙本名松本朱希子，生於廣島縣。在京都念大學的時候，擔任料理家平山由香的助手，學習料理。因為在工藝創作家井上由季子設立的「maane」工作室學習，藉由在工作室提供午餐的機會，開始「青蛙食堂」的料理工作。著有《在青蛙食堂開動了》、《青蛙食堂的便當》等書。

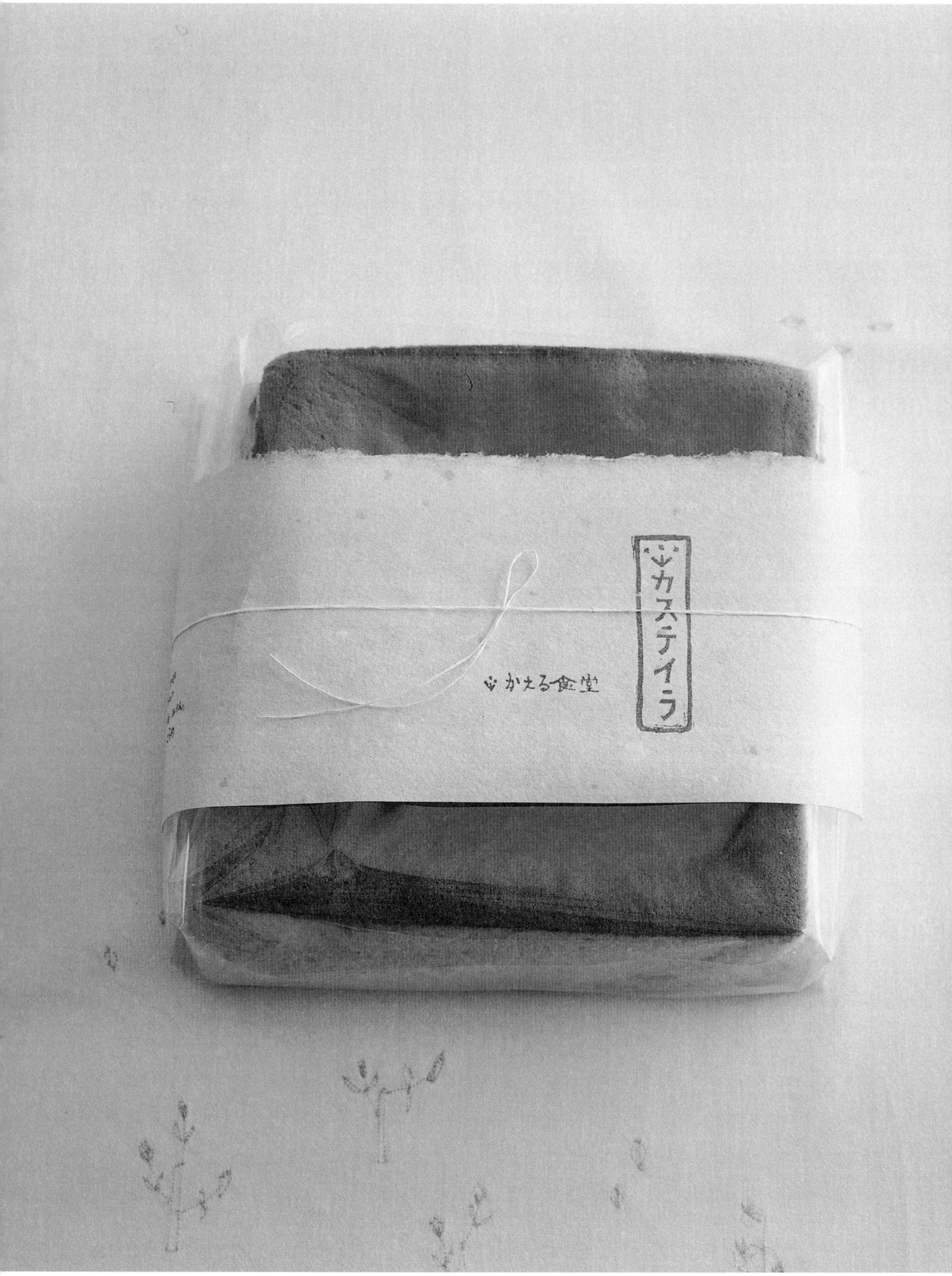
カステイラ
かえる食堂

小青蛙的蜂蜜蛋糕包裝所用的橡皮章。

自家的廚房使用起來遊刃有餘。正在那裡製作蜂蜜蛋糕中的小青蛙松本朱希子。

用來烤蜂蜜蛋糕的報紙做的紙模型，疊在櫃子上。

第一次吃到小青蛙的蜂蜜蛋糕是在3年前的時候（編按：2008年）。是由擔任攝影師而成為《日々》夥伴的公文美和訂購寄來的。當時小青蛙住在京都，在「maane」工作室開了「青蛙食堂」。

從京都寄來的蜂蜜蛋糕很好吃，加上手工製作的包裝非常可愛，因而成為「小青蛙的蜂蜜蛋糕」愛好者的我，多次訂購，搭配各種吃法品嚐蛋糕的美味。

被暱稱為「小青蛙」的女子就是松本朱希子。

「在偶然的情況下，我穿著印有青蛙圖案的T恤，那時朋友就替我取了『小青蛙』這個綽號。」

松本朱希子說小青蛙的稱呼就是這麼來的。而「青蛙食堂」的由來就是因為在家裡做料理給朋友吃而得名。如同2008年第一次出版的著作，書名也叫做《你好，這是「青蛙食堂」》（主婦與生活社）一樣，現在「青蛙」已經是松本朱希子響亮的稱號，成為她公開的名號。

「這個蜂蜜蛋糕原本的做法，是

製作蜂蜜蛋糕

蜂蜜蛋糕的材料
（1個16×16的模型分量）

高筋麵粉	110克
三溫糖＊	140克

＊譯註：三溫糖是用製作白糖時剩下的糖液經多次熬煮而成，顏色偏米黃，甜味濃厚。

蛋（L＊）	3顆

＊譯註：指蛋的重量在64～70克。

A	豆漿（或牛奶）	50毫升
A	蜂蜜	1又½大匙
B	菜籽油（或沙拉油）	2大匙
B	味醂	1又½大匙
	砂糖	適量

我婆婆教我的。」

雖然最初是婆婆教她的做法，但是之後小青蛙嘗試過、也失敗過很多次，才有了現在的蜂蜜蛋糕食譜。除了基本的蜂蜜蛋糕之外，加入金桔做的橘皮果醬的蜂蜜蛋糕也擁有獨特的美味。這次她要教的是最簡單的原味蜂蜜蛋糕。

最特別的是，蛋糕紙模型是用報紙來做的。就算沒有專用的模型也可以做得出來，這不是很棒嗎？不過當我們問：報紙不會焦掉、變得破破爛爛的嗎？

她指給我們看櫃子上疊著的紙模型說：「這些已經烤過很多次了。」每個紙模型都只是帶著一些焦黃，但是沒有絲毫的破損。

紙模型的做法

1 10張報紙重疊，裁成50×50cm。

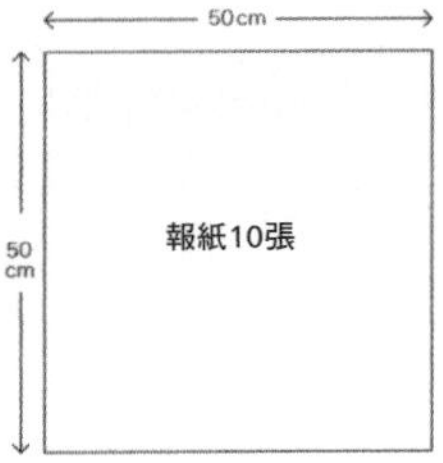

2 四邊各從邊緣量17cm（圖上畫實線的部分）剪開。

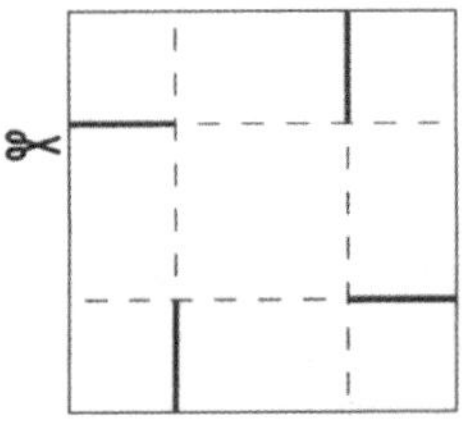

3 沿虛線部分向內摺，摺出一半的高度。

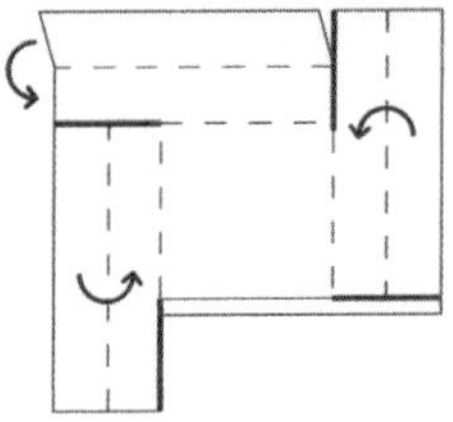

4 將邊緣摺起來後，就會出現如右圖所示的形狀。

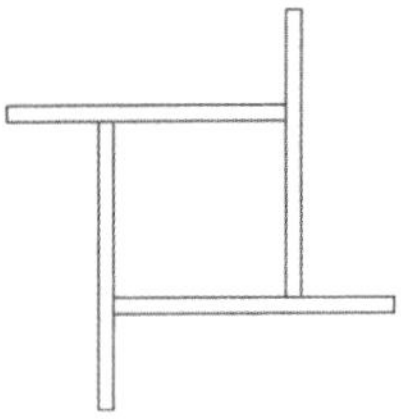

5 將多出來的角摺向旁邊，用釘書機固定。

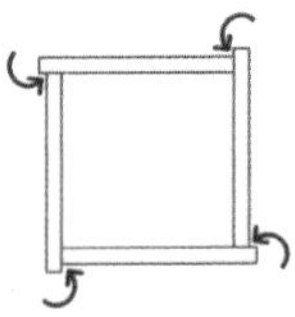

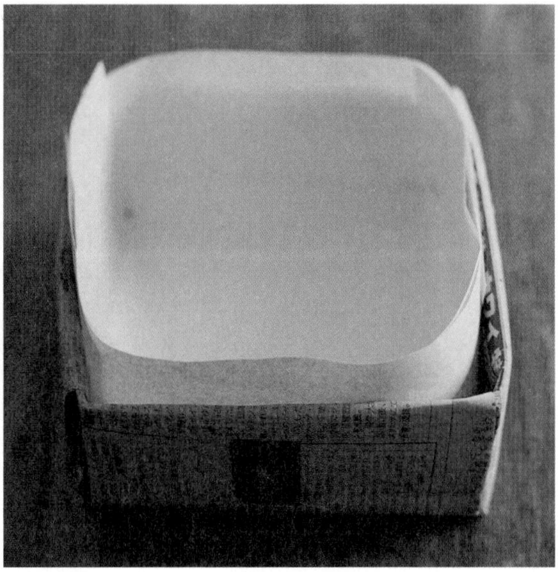

準備①

在用報紙做成的紙模型內，鋪上再生紙（或烘焙紙），底部再鋪一層烘焙紙。

準備②

將豆漿或牛奶與蜂蜜一起放入鍋內以小火煮到摸起來溫溫的程度。

製作蛋白霜

一開始的工作，是做蛋白霜。如果蛋白霜無法確實凝固，就烤不出鬆軟的蜂蜜蛋糕，是一道非常重要的步驟。

1

將開始製作之前都冰在冰箱裡的蛋打開，蛋白與蛋黃分別放進不同的碗裡。

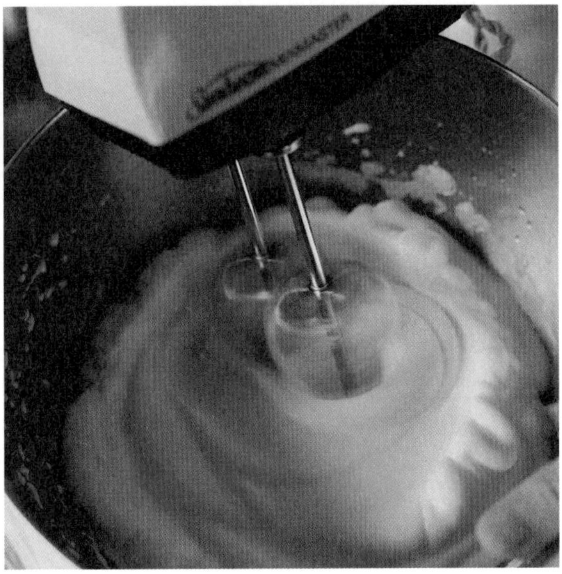

2

用攪拌機將蛋白打發。要打到舉起攪拌機的時候，蛋白霜不會沉下去的程度。

4

接著將90克的三溫糖分3次加入，再確實將它打發。

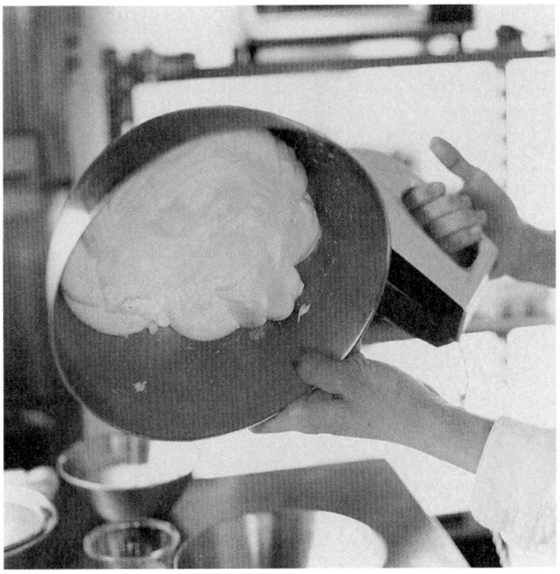

3

就算把碗倒過來，打好的蛋白霜也不會掉下來。要打到這樣才算完成。

5

完成的蛋白霜，就算將攪拌器移開，也還維持著原本的樣子。

製作麵糊

製作蜂蜜蛋糕的麵糊。要和已經完成的蛋白霜混合，祕訣是要大範圍攪拌，不要將好不容易打發的蛋白霜破壞掉。

6

將50克的三溫糖加入放著蛋黃的碗裡，用攪拌器攪拌。

7

用攪拌器攪拌到好像可以寫字的發泡狀態即可。這時一匙一匙加入蛋白霜，將碗裡的蛋白霜全部加進去，用攪拌器混合。

8

將麵粉過篩加入7。

9

為了不要破壞打發的狀態，用橡膠刮刀以像是切的動作攪拌。

10

一點一點地加入摸起來溫溫的豆漿，用打蛋器混合。

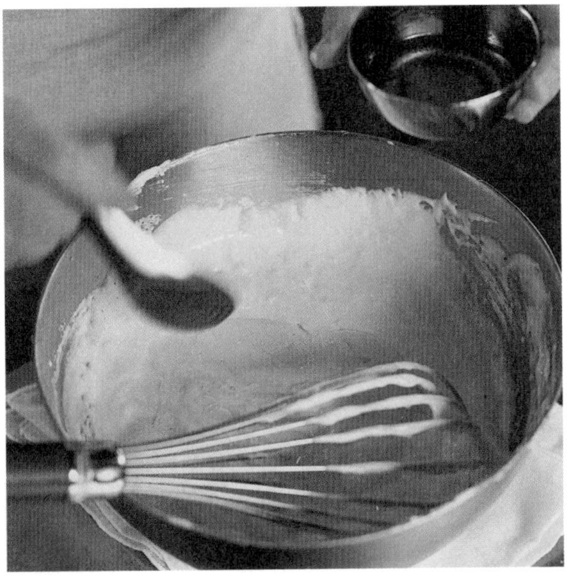

11

分3次加入混合好的菜籽油與味醂。

12

宛如要將空氣打入般，用打蛋器攪拌鬆軟。

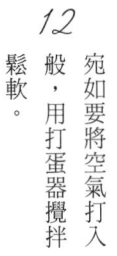

倒入紙模型中烘烤

這個步驟的重點是底部要鋪上砂糖。讓砂糖不會與麵糊混在一起的祕密，應該就是在底部用麵糊當黏膠這個密技吧！

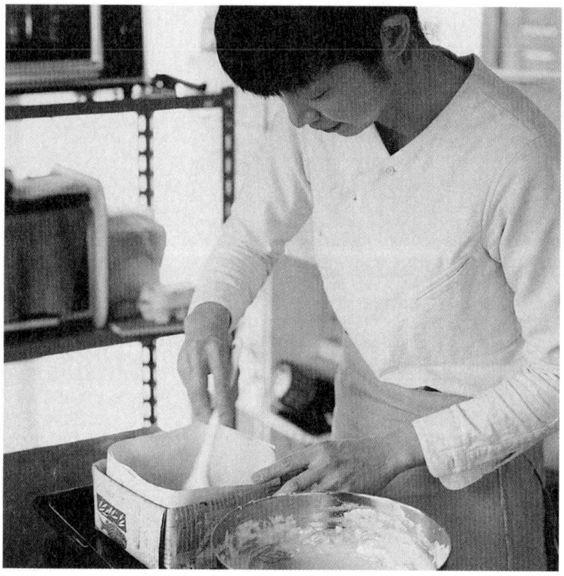

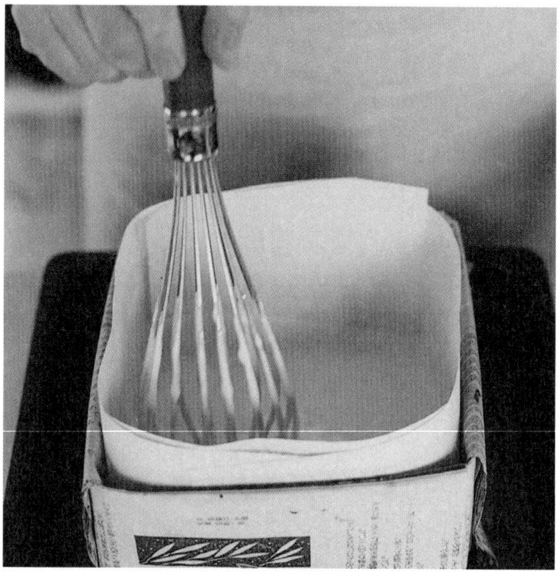

13

在準備好的模型底部，用打蛋器沾一點麵糊。

14

用橡膠刮刀將麵糊在底部均勻地刮開。

15

麵糊上面均勻地撒上砂糖。

16

用刮刀將剩下的麵糊倒進去。

17

將麵糊表面刮平整，並將氣泡戳破。

18

放進加熱至180℃的烤箱下層烤10分鐘，再將溫度降至160℃，烤30～40分鐘。表面開始出現焦色後，蓋上鋁箔紙。

19

用竹籤刺幾個地方，若竹籤上沒有沾上麵糊，就表示烤好了。

20

將蛋糕放在鐵網上，從模型中取出。

21

將周圍的紙剝除。

22

連同鐵網蓋上大的塑膠袋，暫時放置。剛烤好的溫度散去後，放入冰箱冰起來。

品嚐完成的蜂蜜蛋糕的下午茶時間。很適合搭配咖啡、紅茶，不過印象最深的是小青蛙說蜂蜜蛋糕和「烘焙茶」很相配。

「剛烤好的蜂蜜蛋糕雖美味，不過我覺得放到隔天會更好吃。」

到了烤好的隔天，就可以享受麵糊穩定後，蜂蜜蛋糕的香氣與滋潤口感。

房間到處裝飾著插有待雪草、杏花、香雪球、豌豆花、木莓等花朵的小小玻璃瓶。

「那些是老家的媽媽連著蔬菜一起送來的喔！自然生長的花非常強韌，就算什麼也不做，只是插進水裡，立刻就活過來了。」

青蛙食堂供應的蔬菜幾乎都是由老家的父母費心種出來的。從廣島寄來的紙箱裡，好像都會夾帶著庭院裡當季盛開的花。

在花店裡買不到的野花，剛好配上小青蛙的氣質，房子裡也增添了幾許優雅。

小青蛙在季節性的果醬裡加入的橘皮醬，也是用老家送來的夏季蜜柑做的。這個橘皮果醬也可以用在蜂蜜蛋糕裡，與原味的蜂蜜蛋糕風味不同，可以做出香氣濃郁的蜂蜜蛋糕。

咖啡通信…③

用咖啡壺沖出美味的咖啡

文・攝影—久保百合子
攝影—公文美和
咖啡老師—大宅稔（OYA COFFEE煎焙所）
翻譯—褚炫初

咖啡＆沖茶壺

總是被±0簡單不刻意的設計所吸引。換了濾網就可泡茶。

這台機器非常方便，儘管在很忙的時候，也可以一下子沖出大量咖啡。我想不少辦公室或常有客人的家庭，都有使用吧！

我請教咖啡老師如何才能沖得好喝。因為他總是不分晝夜在思考，不管用什麼道具，希望能花點工夫喝到美味的咖啡。

「因為沖咖啡有先後順序，請從下列幾點的1開始試試看做得到的部分吧！」

① 把咖啡豆磨粗一點，約為一粒～半粒白米的大小。

② 顆粒粗的豆子容易掉落，請用兩層濾紙。

③ 多用點咖啡豆，不要吝嗇。分量要比標準多出一、兩成。

④ 關掉保溫開關。不要讓咖啡焦掉。

還有，一次要沖泡咖啡壺一半以上的分量。如果是6人份的咖啡壺，就要沖3人份以上。不過，最重要的還是要用上等的咖啡豆來沖泡咖啡！

咖啡豆的標準用量究竟是多少呢？

前陣子我在書裡看到，貝多芬沖一人份的咖啡，會很精準地數60粒咖啡豆，所以我也試了這個方法，結果，正好和最小尺寸的計量匙大小一致。於是我發現，如果用我喜愛的咖啡匙，就是70粒。

大家不妨也數數看吧？只要知道自己喜歡的咖啡豆分量，無論用什麼湯匙都能成為自己專用的計量匙喔！

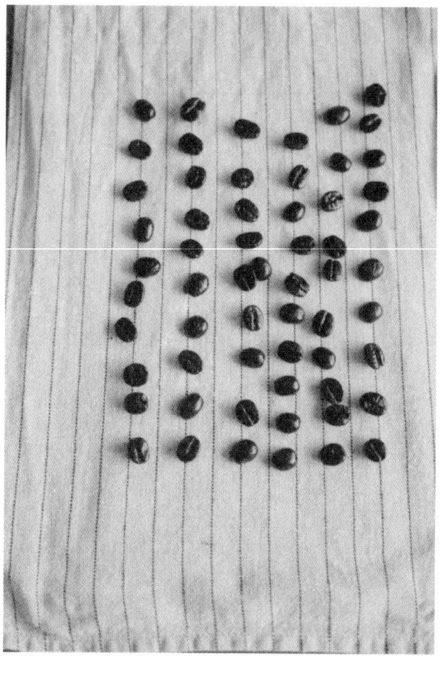

①②是咖啡老師的湯匙，好像也可以用來計量咖啡豆。③④是京都的INODA咖啡豆附的湯匙可以放80粒。⑤是我愛用的星巴克不鏽鋼匙。做菜時也會拿來用。⑥美國木工藝術家的湯匙，是櫻桃木做的。

找茶之旅…❸

古都．金澤的加賀棒茶

文—高橋良枝　攝影—久保百合子
翻譯—褚炫初

丸谷誠一郎

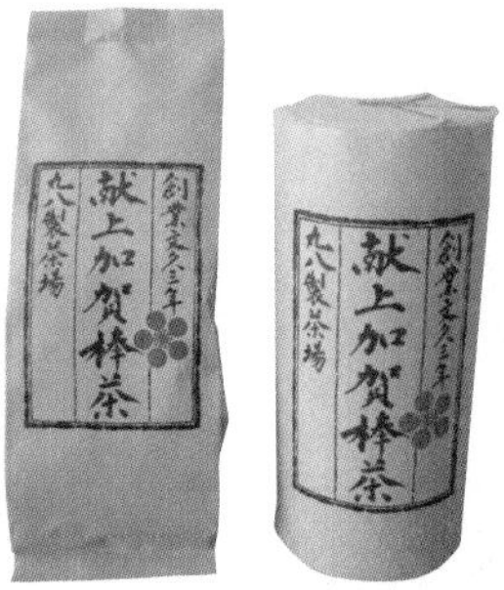

「加賀棒茶」堪稱金澤最具代表性的茶。這次我們拜訪的是「獻上加賀棒茶」的製造商「丸八製茶場」。

所謂的加賀棒茶，是茶莖烘焙而成的茶，據說金澤一帶自古以來喝到現在。

「從1983年以後，才開始做成如今這種高級的烘焙茶。」

「丸八製茶場」創業於1863年。我們請教了第五代社長丸谷誠一郎，關於加賀棒茶的歷史。

明治30年代（1897～1906），金澤的林屋開始販售名叫「晨香」的莖茶（譯註：莖茶又叫做棒茶，原料是製作高級茶所剩下的莖部，價格較低廉）商品，成為加賀莖茶的始祖。丸八製茶場是在1922年，由丸谷社長的祖父命名為「加賀棒茶」，開始了莖茶的販賣。

時至今日，加賀棒茶已成為不可動搖的著名品牌。契機就在1983年，昭和天皇前往石川縣參加全國植樹祭典，丸八製茶場受到飯店委託製作「最高級的烘焙茶」，接下重任後，丸八製茶場採用了最好的原料以及獨門做工，追求清澈的茶香進貢。「獻上加賀棒茶」就這麼誕生了。

「自從聽了《辨認食品》的作者磯部昌策老師的話，我們就改變了想法。」

在那之前，丸谷先生從沒見過茶農，結果磯部老師告訴他，這樣無法得到好的原料。

「丸八的主軸，就是日本茶的文藝復興。安全、完全透明以及美味，作為我們的基礎軸心，與全國的生產者每天持續研發。」

他們的總公司有飲茶沙龍與販售據點，在沙龍裡還可品嚐丸八製茶場的好茶與手工甜點。

我們也參觀了一旁設置的工廠。打開工廠大門的瞬間，烘焙茶葉的美妙香氣撲鼻而來。作業流程完全機械化。決定「獻上加賀棒茶」那股清香的做茶方法，聽說是企業機密。一天可以生產四百公斤的加賀棒茶，足跡不僅止於加賀地區周邊，還遍及全國。

「包裝是父親做的。剛開始連提字也是父親寫的，最近用的則是年長的親戚幫我們寫的字。」

丸八製茶場
總公司　石川縣加賀市動橋町タ1-8
☎＋81-761-74-1557

做好的加賀棒茶簌簌地滑落至茶箱。

烘焙前乾燥的嫩綠色茶莖，漸漸被機器吸進去。

烘焙前的莖茶（左）與烘焙過後的加賀棒茶（右）。

加賀棒茶用冷水沖泡也好喝。祕訣是茶葉要放多一點。

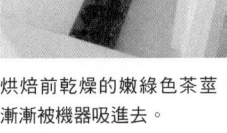

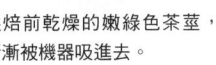

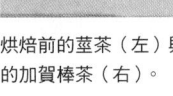

1973年的女兒節娃娃。豐潤的臉頰、大眼睛，反映了時代的容顏如何變遷，很有意思。服裝也鑲金又鑲銀，比較華麗。

1943年的女兒節娃娃。典型的瓜子臉鳳眼與櫻桃小嘴。其它13個娃娃全都是一式的瓜子臉與鳳眼。

睽違三十年的女兒節娃娃

在我小時候，每到2月，一定會把女兒節娃娃拿出來佈置。七層高的女兒節娃娃陳列架一擺出來，整個房間就突然變得金碧輝煌，小朋友的心也跟著興奮起來。那是個沒有電視和電玩的時代，也許因為這樣，隨季節更迭的節慶，於是成為日常生活的標點符號，最大的樂趣。

文—高橋良枝　攝影—公文美和　翻譯—褚炫初

每年佈置女兒節娃娃，是出生於明治時代的祖母的工作。

「妳媽媽（家母）的女兒節娃娃非常棒，妳的卻因為在戰爭時期，所以找不到好的。」每次只要把女兒節娃娃拿出來，祖母就會像安慰我似的這麼說。出生於大正年間的媽媽，她的女兒節娃娃被關東大地震的火災給燒掉了。我的則在戰時因為疏散到箱根而得以倖存。

「女兒節娃娃一定要盡量早點擺出來，等過了節，就盡快收起來。」如果不這麼做，女孩就會年紀老大不小還嫁不出去，每一回，祖母開口閉口都要這麼碎念。

我從來沒有自己佈置過女兒節娃娃。今年心血來潮，睽違三十年把娃娃擺出來，結果比想像中的要大費周章。

打開巨大的蓋子後，裡面裝著好幾根沉甸甸的鐵棒，而且沒有組裝的說明書。一層層的板子大概在兩側，鐵棒應該是支撐的骨架吧！憑著第六感與直覺，終於把七層的娃娃陳列架搭起來。

把皺巴巴的大毛氈熨平後鋪在七

睽違三十年的女兒節娃娃，雖然裝飾的過程錯誤不斷，像是家具上下位置顛倒，直到拍完照之後才發現錯了好幾個地方。

層高的架子底座，總算有了女兒節娃娃的架勢。把娃娃拿出來，就算知道哪個娃娃應該擺在哪一層，但要弄清楚每個娃娃手上拿什麼東西，又是一番苦工。

我一手拿著張小小的照片，和回到家的女兒一起，像猜謎似的不斷摸索，五人囃子（譯註：女兒節娃娃的樂隊小童，分別拿著鼓和笛子等樂器）他們各自拿著什麼樂器。最後，儘管有些小配件已經遺失，雖然稱不上完美，總算是大功告成。

佈置完女兒的娃娃，想順便擺自己的，結果發現收在舊箱子中的，只有娃娃。也許母親認為我再也不會把女兒節娃娃拿出來擺，所以只把娃娃裝箱就寄給我了吧！娃娃們許久沒見過天日，這段歲月漫長到我已經記不得當年是怎麼回事。

我家這個缽碗用了快90年，至今仍很常用。

甜酒釀與油菜花。因為時節還早，買不到桃花。

女兒節的基本餐點。五目壽司搭配蛤蠣湯與涼拌味噌芝麻豆腐。

娃娃許是受到蟲蛀，落下細細的粉塵，儘管如此，臉孔還是完好的。但是從內裏大人（譯註：代表天皇和皇后的娃娃）、三人官女（高級宮女）、五人囃子、隨身（右大臣與左大臣，即護衛）到仕丁（拿著草鞋，即隨從）的人數，倒是一個也沒少。

我的娃娃比起女兒的小了些。童年時需要墊起腳尖才能偷看到的內裏大人，就算有七層陳列架的高度，一定也比女兒的低矮許多吧！

而改變最大的是娃娃們的臉蛋。我的是鳳眼瓜子臉，加上櫻桃小嘴，然而女兒的娃娃們，各個擁有豐潤的雙頰和大眼睛。隨著時代改變，人們對女兒節娃娃外貌的喜好竟有如此顯著差異，讓我感觸良多。

三月三日女兒節那天，我必定會做五目壽司來供奉女兒節娃娃。固定菜色包括五目壽司與涼拌味噌芝麻豆腐，以及蛤蠣湯。因此我重現了這三道不可或缺的標準菜單。

盛裝五目壽司的缽碗，是我們家代代傳下來的。大約是在關東大地震之後製作的吧！已經快90年歷史了。這個缽碗只有在節慶或客人來訪時才拿出來用，所以會讓孩子充滿期待。

我試著把涼拌味噌芝麻豆腐做得更接近祖母的味道。把豆腐的水分確實瀝乾，灑上白芝麻一起放進磨子裡搗碎。攪拌時加入蒟蒻、紅蘿蔔、還有口味清淡的滷香菇，原本都用碗豆做為綠意的妝點，這次嘗試以油菜花代替。不過，油菜花吃起來太軟不夠爽口，看來綠色蔬菜的部分還是用碗豆較合適。

空了很久的兒子房間，如今因為擺了女兒節娃娃而顯得熱鬧非凡。不過，我想往後應該不會再佈置女兒節娃娃了吧！因為女兒也說不要了，等三月三日的女兒節一過，就把女兒的娃娃送人吧！

日日・人事物 7

人間國寶 子婿燈大師 董天補

文—賴譽夫　攝影—吳美惠

各個工序階段的子婿燈高掛在大師家中。

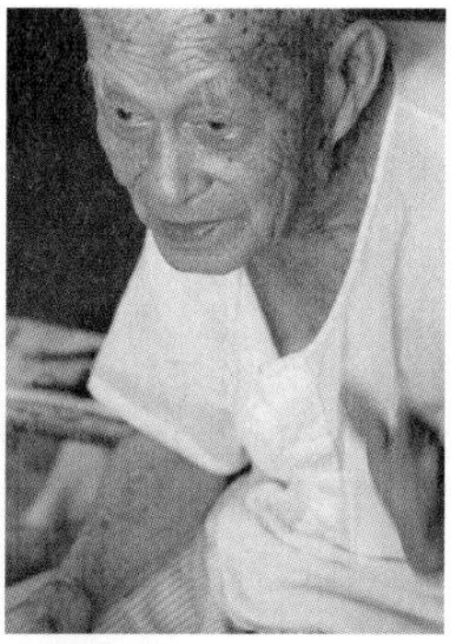

人間國寶
子婿燈藝師
董天補。

子婿燈是中國閩南傳統婚慶的禮器，隨著現代生活樣貌的改變，大抵只剩下祖厝宗祠還看得到傳世的舊燈，現代婚禮中已少見此古禮了。

點燈・添丁・子婿燈

嫁娶需要人丁，「丁」與「燈」諧音，因而有了寫著男方姓氏、堂號的子婿燈，以及新娘燈（舅仔燈，俗語「舅仔進燈、新人出丁」），皆取其添丁興旺之意。而燈座中心的燈臍，「臍」音同「財」，更是「有丁又有財」的吉兆。

隨著軍管解除，金門近二十年生活文化亦開放性發展，但較之台灣仍保有較為濃厚的閩南文化傳統，許多閩式古厝子婿燈、新娘燈高掛如昔，樑上的每一對燈即代表了一位男丁婚娶；新婚之時也還有人訂製。在為數不多的製燈藝師中，董天補老師傅一直以國寶的地位為眾人所尊崇。

金門古崗多為董姓世居，跟著古崗本地朋友來到老師傅居所外，喚喊著「天補祖」，正在料理午餐的老師傅前來引領，一進屋內便見到處於不同工序的燈坯與成燈。年近95的老師傅擁有尋常金門老人家的好客，閒談起自己的生活與養生之道，更說起了他的製燈生涯。

無師自通、摸索自成

早先金門的子婿燈多是由中國的廈門購得，然而戰事一起，日本登領金門，長達8、9年的時間金廈往來中斷，子婿燈便無處可購取。董老師傅因曾在私塾讀過漢學、運筆習字，又善於畫工，遂成為了古崗宋姓人家娶親求助的對象；新郎家送來了舊燈架要求修補，偶然促成老師傅走上製燈工藝這條路。回

葉子，取其雙雙對對之意。

燈膳取財之諧音，有招財之意。

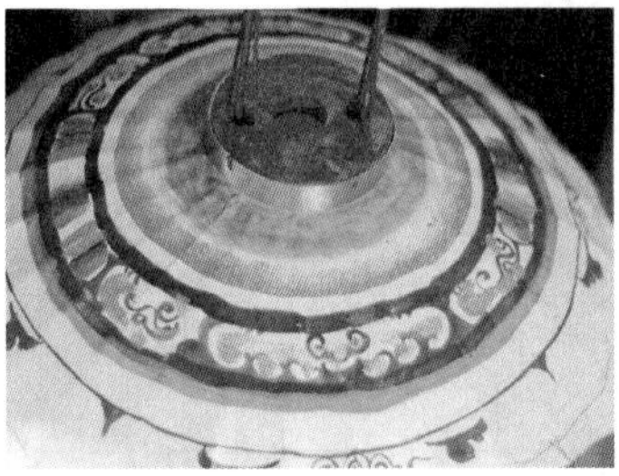

各種圖樣皆取其吉兆。

想伊始，還因為布料的缺乏，以紙張糊貼替代呢！

17歲時替人補燈的事蹟經由口傳，便開始有人前來下單訂製。因為有養家的需求，二十來歲董天補開始正式製燈。沒有老師怎麼辦？只好拆解舊燈，一步一步工序摸索改進。董老師傅談起當初不知道糊布要用什麼裱糊，自己是先以番薯粉漿替代；由於已經在接單製燈，去問別的師傅怕漏氣，某次藉由與其他製燈師聊天討論用料成本的話題，才使了小聰明套問出「菜燕」這原料，現在想起來還有些好笑。

老師傅製燈，從竹子泡水、切削，鐵架的成型等，皆不假他人之手，僅燈頭、燈座（蜂巢）委託給台灣專門的藝師代製，而許多工具也都自己研製，像是上藍漆這道工法前，須以藍筆將燈面各彩繪區域區劃開來，老師傅取出了鑽滿不同孔洞的特製鐵片，便是他自製的圓規。而彩繪更是一大重頭戲，「出手下筆要快才會美」，各項充滿吉

祥寓意的畫作在燈肚上快速成像，果真畫工如神。

步步細工盼傳承

說起製燈，把董老師傅的燈與現下其他師傅的燈並陳，一眼便可看出差異。大看之下，裝飾的華麗感立刻吸引觀者的目光；由於子婿燈為婚嫁禮器，喜慶祥福之氣永不嫌少，必有的飾裝老師傅從不偷步。也由於董老師傅堅持燈面的彩繪、燈架的構成等，都必須遵照他七十多年來的工法一步一步來，使得細緻度也高過許多便利工具輔製的燈。

老師傅常跟人說「不做，會老」，而他製燈到了九十幾歲仍然天天製燈，但也憂心燈藝無所傳承，近年已將部分技藝傳子作保存，但仍盼未來能夠傳流後世。下回行旅金門，別忘了留意一下子婿燈這項傳統工藝，若有緣一睹大師之作，是再幸運不過了。

上／製燈工具。
左下／描畫文字運用自燒的炭筆。
右下／畫工繁複可由畫筆數量得見。

燈座上的浮龍皆貼有金箔。

28支燈骨，稍有偏差便難成燈。

「子婿燈」製作工序

- 浸泡竹子（多日）。
- 鋸、切竹子。
- 樹脂膠合。
- 切割鐵線。
- 綁合魚尾叉等鐵架。
- 釘合主架構。
- 削竹子
- 鑽孔。
- 串竹片（28篾片）。
- 穿綁繩子、固定竹架。完成燈架的基本結構。
- 糊布。以口噴袪糊貼。
- 擦抹菜燕，晾乾（不可日曬）。
- 圓規畫線，劃分各彩繪區域。
- 以藍漆為彩繪基本圖樣。
- 以綠、黃、紅、白漆依序彩繪圖樣。
- 燈座（蜂巢）、燈頭釘金條。
- 描畫燈號姓氏文字（字是用畫的，不是寫的）。
- 燈座、燈頭上紅漆。
- 燈面彩繪、畫花。
  圖樣：連（蓮）招貴（桂）子、招財進寶、雙龍搶珠、牡丹富貴、（葉）雙雙對對。
- 文字上紅漆。
- 燈座浮龍上金身（貼金箔）。

桃居・廣瀨一郎此刻的關注⓫

探訪 中野和馬的工作室

中野和馬的作品充滿了色彩與玩心，不論是觀賞或是實際使用，都讓人為之雀躍。究竟是何方人物製作出這樣獨特的器物呢？就讓我們一訪那坐落在靜岡茶園中的中野和馬工作室吧！

文—草苅敦子　攝影—日置武晴　翻譯—王淑儀

從通風口向下俯視的工作室一隅。

層層疊疊的色彩，自由組成的紋樣，閃亮與消光的質感並存，有時則會出現文字或數字章印下的圖案。廣瀨一郎說，中野和馬的作品裡沒有固定的形式，「這些是加法下的陶器。」

令人印象深刻的是用色，不囿限於一般市售的顏料，舉凡燒柴剩下的灰燼，洗筆水，甚至茶或咖啡，生活中的一切事物都可能是他的顏料來源。太太京子苦笑著說：「所以他什麼東西都捨不得丟掉。」

「我不想要浪費任何一種材料，很多東西加在一起常會產生意外驚喜，所以沒有任何顏色是可以丟掉的，這一點非常有趣吶！」中野雖說這是種遊戲，但他可不是隨便玩玩而已。

工作室的屋頂是由各形各色的小陶片組成的，那些都是他以獨一無二的釉藥及各色化妝土燒出來的試驗品。

每次試燒時必定製作記錄，手邊已累積了十年份的數據。這些詳細寫著材料，配方分量的筆記清楚地

像日記般記錄著顏色搭配、燒製成果等資訊的筆記本已累積了好多本，簡直就是顏色配方寶典。

一出工作室，眼前即是廣闊的茶園，背後則有小溪流過，山林環繞。

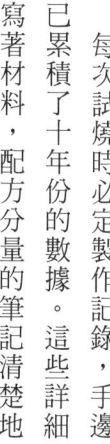

寬廣的工作室裡，也因擺滿了裝著化妝土、釉藥的容器而顯得擁擠。

告訴我們這些色彩可不是因為運氣好隨便就燒得出來，那是一次又一次的失敗經驗累積下，出自中野之手，絕無僅有的顏色。

身高183公分的中野是個隨和、沒有架子的人。

說明自己的作品時自然是真摯熱忱，聊到他的興趣釣魚時更是眼睛發亮，十分有魅力。

不論是作風還是跨入陶藝界的過程，中野都與眾不同。身為靜岡茶批發商少東的他，大學畢業後竟然跑去東京上班，不到一年又辭掉工作回到靜岡幫忙家裡的事業，同時買來一座窯，自己在家摸索陶藝，這就算是他跨入這行的第一步。然後26歲時又前往丹麥進修。丹麥雖是以「皇家哥本哈根瓷器」（Royal Copenhagen）等陶瓷器大廠聞名的國家，但學習陶藝倒也不是中野前往丹麥最大的目的。

「在東京上班的時代，偶然認識一位同年紀的丹麥青年，他的衣食住全都出自自己之手，東西壞了也自己修，高超的生活能力直

工作室樓上是客廳，一樓右側深處則是廚房所在處，開闊的大窗，透著穿過樹蔭流瀉而下的陽光。

電動磨豆機的旁邊是烘茶機，據說他們家的咖啡豆也是靠這台機器烘出來的。這樣的光景大概只有在靜岡這個地方才有吧。

是讓我嘆為觀止，從此我就對他所生長的丹麥這個國家有著強烈的興趣，總覺得非得要去一趟才行吶！」於是就到丹麥第二大城奧胡斯（Århus）的美術學校修習陶藝課程，選了以化妝土為主要研修內容的泥釉陶（slipware）課程，學了約一年的時間。

「因為我很明確地向學校說明我的目的，很快地就拿到簽證，在那裡工作室的鑰匙都是直接交給學生，只要想用隨時都可以自由進去製作，從這一點就可以看出丹麥是個相信個人、發展成熟的國家。」

學成歸國後，將位在靜岡金谷，過去用來製茶的茶寮改裝成工作室，在此處燒製陶器一路走來過了十年，到2006年時這間工作室兼住所也終於完成了。一樓是工作室跟廚房，二樓則是居住空間。2007年春天開始，京子也搬到這裡來一起生活，一邊燒陶。

在新的環境裡，今後會做出什麼樣的作品呢？

「要看當時對什麼東西感興趣，那一直是影響我風格走向的因素。最近好像有不少作品就是這樣做出來的。」

據說他最近也接受同世代的陶藝家井山三希子的建議，開始挑戰創作一些造型作品。」

後院有塊小巧可愛的菜園，種著茼蒿與高麗菜。

中野和馬（Nakano Kazuma）

1966年生於靜岡縣金谷町（今為島田市）。大學畢業後在商社工作一年，92年自學跨入陶藝界。93年赴丹麥的奧胡斯美術學校留學，研習陶藝。94年學成歸國後正式出道，於金谷建造自己的工作室，此後於丹麥、加拿大、日本各地開設個展，或參加聯展，持續發表作品。2006年於牧之原市完成現在的工作室兼住所，進行陶藝創作。2009年不幸因心肌梗塞逝世，享年43歲。

用中野製作的器皿盛裝甜蜜蜜的紅豆湯，享受午後的點心時刻。

「每次我叫她井山老師的時候，她都會很不好意思。」中野說現正嘗試於器物上畫出跟他的用色一樣絢爛奪目的點或線條，想做出「類似痕跡的紋樣」。那會不會就像是寫日記一樣，將創作瞬間的自己刻畫在器物之上呢？

「現今大家都以簡單、給人安心感的減法作品為主流，像中野這樣的加法之器，不只是創作者，連使用者都需要具備有足夠的能量才能駕馭其上。」

但廣瀨一郎認為，正因為有這樣相互對立的風格存在，文化才得以形成。就像是從前的利休與織部（譯註：兩人皆日本戰國時代知名茶人，利休的茶道風格靜謐，而織部則強調動態之美）。

新素材，新色彩，新關注，新成果。在中野的手中每天都有新的什麼出現，日積月累下，又有一個新的作品即將要誕生。

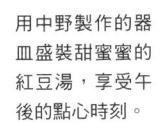

巧妙揉進創作者之聲的加法世界

文—廣瀨一郎　翻譯—王淑儀

「低彩度、簡潔、不加裝飾，
在觀賞作品時，已經習慣了不斷以減法削去多餘元素的眼睛，
在看到這塊陶板上一層又一層疊起的各種痕跡，第一眼重得令人喘不過氣來；
然而靜下心來觀賞，可以慢慢感受到創作者內心深處的聲音被寄託在這裡，
既不喧嚷亦不張揚。
在減法之後，熱烈而美麗的加法世界也逐漸要成形。」

■290×295×高20mm

「這幾個用色活潑的杯子很有在丹麥學習陶藝的中野個人特色，
從每一個器皿上即興創作的紋樣可以見到抽象主義或是自發主義＊的影子，
但那其實是來自桃山時代織部所繪，風格自在又獨特的裝飾。
在中野和馬一字排開的器物上，常常可以看到他藏匿其中許多即將萌芽的創意，
讓我忍不住想要將他喻為平成時代的新織部。」

■左 120×90・中 105 × 105・右 115×100mm（直徑×高度）

＊譯註：automatism，反覆描繪物象外形，以產生各種自發性的變形。

桃居　東京都港區西麻布2-25-13　☎＋81-3-3797-4494　週日、週一、例假日公休　http：//www.toukyo.com/
廣瀨一郎以個人審美觀選出當代創作者的作品，寬敞的店內空間讓展示品更顯出眾。

留存在飛田和緒印象中的❸

朋友分送的食物

名為「荒布」的海草

自從搬到海邊居住之後，時常可以感受到大自然對萬物的恩賜，高山深海，菜田裡或是院子中，各式食材唾手可得。比如說現在這個季節，正是柚子、金桔盛產期，鄰居一送就是一大籃，愛喝酒的朋友也很帥氣地提著一大串連枝採收的檸檬來，說榨汁加進酒裡非常好喝。他們的熱情相待總讓我不禁深深覺得這真是太奢侈了。我雖然也喜歡在旅行時嘗嘗當地的美味、限定點心，但對於這種朋友分送來平常吃慣、所謂日常生活中的味道，裡頭更有著一份朋友的個性喜好，讓我深覺可貴。

從年初到初夏的海邊，是海藻的季節。海藻根、海帶芽、羊栖菜、昆布、天草（寒天的原料）依序進入盛產期，一一等待大批進入魚店或是市場販賣。其中還有一種被稱為「荒布」的海草。

那是某天乾貨店老闆娘送我，建議可以拿來做晚餐配菜的一種海藻。她說她們家都是把這種海藻切成絲，跟紅蘿蔔一起

加糖、加醬油燉煮入味後，拿來下飯或是拌入壽司飯裡。當晚我就把它加到晚餐的白飯中。口感比昆布軟，卻又比海帶芽有咬勁，還散發出一股高雅的海水味。聽說這名為荒布的海藻並不好採，所以很珍貴。話雖如此，我還是好想再吃到呀！

自家種的檸檬香茅

這次的金澤之旅拜會了很棒的人。

從建築家奧村先生家要回來時，他送我乾燥的檸檬香茅。他將一把檸檬香茅捲起用報紙包好讓我帶回來，說那是他有個住在深山裡的朋友，過著自給自足的生活，他有時會去幫忙種田。在那裡生長的香草都有著濃郁的香氣與味道。奧村先生的家整理得有条不紊，四處可見草田先生的作品，光是待在那樣的空間裡就讓人感到幸福不已。雖然相處的時間不長，但是已經夠我感受他的生活方式及其為人了。

文—飛田和緒　攝影—日置武晴　翻譯—王淑儀

留存在飛田和緒印象中的❹

伴手禮

茶巾壽司

我非常喜歡吃壽司，從握壽司到散壽司、海苔壽司卷、豆皮壽司，什麼都喜歡，大概是因為我喜歡吃壽司飯吧？我還曾經用壽司飯去捏飯糰呢！壽司真是怎麼吃也不膩，一天照三餐吃也可以。我也最喜歡收到壽司的伴手禮！說到以前收到過的伴手禮，印象中好像都是壽司。爸爸每次喝酒喝得東倒西斜地回來時，手上一定晃著個壽司盒。每次父親或奶奶帶著壽司回家，不管再晚我也從床上跳起來，飛奔去大快朵頤。

前一陣子我去欣賞朋友表演傳統舞蹈，收到了一份裝有茶巾壽司跟太卷壽司的回禮。我奶奶教授小調，每次她在發表會後送給來賓的回禮一定是兩個一盒的「有職」茶巾壽司跟一條綴有名字的日本手巾。這兩種回禮看在小孩子的我眼中，覺得真是太酷了！所以我一邊看朋友跳舞，不由得就想起了奶奶。

東京練馬區有家壽司店，總會給客人一盒太卷壽司當成禮物帶回家，而且還是沒切段的一整卷。回家後，不管是當成下酒菜、或是當成隔天的早餐，都是

一份童年的滋味。

蛋白霜點心

這是一位來參加《日々》3月份活動的讀者所帶來的小禮物。

可愛的蛋白霜點心像是瑪麗皇后的卷髮一樣彎彎扭扭的。挑選這份禮物的人是名年輕男孩子，袋子裡還附上了店家的資訊跟打上價錢的收據。那堂課正好是一位講師在教大家怎麼沖咖啡，但這男孩說他不太喝咖啡。軟拋拋、甜滋滋的點心很適合搭配講師沖出來的咖啡，至於甜味，則有點像是砂糖煮焦的焦糖，又有點像是楓糖漿一樣，在嘴巴裡濡濕融化。這是一份滋味甜膩，外觀卻清淡雅緻的伴手禮。

文—飛田和緒　攝影—日置武晴　翻譯—蘇文淑

茶巾壽司
傳統的口味是第一代老闆為了提供大正時代貴族家的茶會餐點而想出來的。
赤坂福槌本店
東京都港區赤坂2-2-21永田町法曹大樓B1　☎+81-120-292-186
*「有職」已結束營業，於1996年由原來的工作團隊接下，以「赤坂福槌」之名重新開張。

蛋白霜馬林糖
口感軟綿，這種一大塊的蛋白霜馬林糖比較少見。
Le Jardin Gaulois
東京都中野區東中野3-1-17　☎+81-3-3227-0161

料理家米澤亞衣的私房食譜❽

義大利日日家常菜

直接就著炒鍋送上桌的櫛瓜烘蛋，
是一道很有義大利家常風味的料理。
俄羅斯沙拉五顏六色，
對米澤來說，可是罕見的繽紛料理呢！
各色鮮蔬，多姿輕快，
而滋味還是非常米澤式的扎實雋永。

料理．造型——米澤亞衣　攝影——日置武晴　翻譯——蘇文淑

1, Frittata di zucchine

櫛瓜烘蛋

布露娜有著一頭夾雜著銀髮的平頭跟邏邏貓似的眼瞳。她每次騎著老舊的腳踏車去原野，總會摘回滿山野草，去村子裡的露天市集幫忙，也會抱著稍有損傷的蔬菜回來。

當被即使年華老去仍有著少女樣貌的她，以深邃的瞳孔盯著看時，不知道為什麼讓人覺得好像喘不過氣來。然而如今，想起布露娜抱著大小不一的一堆櫛瓜走來的身影，心底卻有股惆悵。

■材料（4人份）
雞蛋——1顆
洋蔥——1顆
櫛瓜——2條
特級初榨橄欖油——適量
鹽巴——適量

■做法
- 洋蔥切細絲、櫛瓜片薄。
- 在鍋裡倒點特級初榨橄欖油，讓鍋底整體沾上油光後，放入洋蔥，開中小火細炒。
- 等洋蔥沾油後，加鹽，蓋鍋蓋燜炒，偶爾晃動一下鍋子拌勻。
- 把洋蔥炒到軟透後，下櫛瓜，重新蓋上鍋蓋燜炒。
- 等洋蔥跟櫛瓜都炒軟後，水分要是太多，就打開鍋蓋讓水分蒸發一下，再淋上快速打好的蛋汁（如果覺得蔬菜不夠鹹，可在蛋汁裡加一撮鹽）。
- 轉大火，大力拌勻，拌到料在鍋子中間聚攏成一個圓圈圈後，蓋上鍋蓋燜。
- 蛋液凝固得軟硬適中後，即完成。

2, Insalata russa

俄羅斯式沙拉

每次去到珍瑪的店裡，我總覺得在那邊吃東西的人看起來好幸福。大概我吃珍瑪做的俄羅斯沙拉時，也是那樣子的神情吧！我也很希望別人吃我的料理時，能有那樣的表情。

■材料（4人份）

紅蘿蔔——1根
洋蔥——1顆
西洋芹——1根
馬鈴薯——1個
豌豆——剛好半杯
水煮蛋——2顆
□美乃滋
蛋黃——2顆
鹽——適量
特級初榨橄欖油——60毫升
紅酒醋——1小匙

■做法

• 在把紅蘿蔔、洋蔥、西洋芹、馬鈴薯統統切成比1㎝再小一點的小丁，大火蒸個3～5分鐘左右（不同蔬菜可以稍微調整一下時間），等軟硬恰到好處時，拿起來在濾網上放涼。
• 豌豆放進小鍋裡，加水蓋過豌豆並加點鹽巴，水滾後轉中小火續煮10分鐘，關火，讓豌豆直接在鍋中冷卻。
• 把蛋黃、鹽巴放進調理盆裡，用打泡器攪拌。一邊攪拌，一邊讓特級初榨橄欖油像細線般緩緩垂進盆裡。拌勻後加進紅酒醋，同時以鹽巴調味成美乃滋。
• 切好的水煮蛋跟瀝乾水氣的蔬菜擺盤，拌上美乃滋。試一下味道，如果覺得不夠可以再加點鹽巴跟黑胡椒調味，也可視喜好添加紅酒醋。

＊加上油漬堅果或是西班牙小酸豆也很好吃。

＊俄羅斯式沙拉是皮埃蒙特（Piemonte）這地方的料理。關於名字由來沒有一定的說法，有一說是1900年初始時，地方上的人為了取悅到法國附近度假的俄羅斯人那嚐慣美食的舌尖而做。

料理家米澤亞衣的私房食譜❾

義大利日日家常菜

米澤家裡時常插著鮮花，
大多都是一些帶著枝梗的白花。
我們去她家裡拍照那天，
房子裡擺著
花芯染上點青綠的白海棠，
清雅純淨，令人心醉。
那份「淨潔」的氣質，
從她的餐點裡也感受得到唷！

料理・造型—米澤亞衣　攝影—日置武晴　翻譯—蘇文淑

1, *Acciughe al verde*

碧漬鯷魚

如果到離海有一段距離（說起來，其實也不過只有約1小時車程）的義大利人家去瞄一眼他們的餐桌，會發現很多人幾乎都不吃魚。當主人端出這道碧漬鯷魚說：「今天吃魚唷！」的時候，我還愣了一下。回頭想想，鯷魚從在大海裡遨遊到成為眼前這道餐餚，倒是一道很費心的魚類料理呢！

■材料（4人份）
鯷魚—依喜好隨意
平葉歐芹—大量
蒜頭—一點點
特級初榨橄欖油—蓋過整個菜的量

■做法
- 如果選用鹽漬鯷魚，請在水龍頭下面沖掉鹽分，剔去骨頭，擦乾。
- 如果選用的是油漬鯷魚，把油擦掉即可。
- 鯷魚擺進容器，盡量別重疊，然後在上頭覆蓋切得極細的蒜頭跟平葉歐芹。
- 倒進特級初榨橄欖油，淹蓋過整個鯷魚跟蒜末、歐芹末，如果鯷魚分量很多，可以分成幾層醃漬。
- 靜置令其入味。

＊適合搭配麵包、水煮蛋、水煮馬鈴薯等。

2, Insalata di mare

海鮮沙拉

在康切妲家時，餐桌上每天淨是大量的蔬菜、麵包跟義大利麵，心都被餵得很滿足。雖然康切妲老吃這些東西，但星期五她一定會被吸引到巷子後的魚店去。午間時分，廚房裡便飄滿了大海的味道。雖然她每天都要吃蔬菜的堅持快把我給搞瘋了，但還好保留著星期五吃魚的習慣，讓我心情稍微平衡了一點。

■材料（4人份）

烏賊（此次以小卷取代）——中型2隻
蝦（這次用的是沙蝦）——小尾的20隻
西洋芹——1根
紅蘿蔔——1根
紅洋蔥——少許
紅酒醋——適量
特級初榨橄欖油——適量
鹽——適量

■做法

- 小卷去皮、去內臟，切成方便入口的大小。
- 蝦子挑掉腸泥。
- 煮開一鍋水，倒進酒醋、鹽巴，煮小卷。等小卷一變色就撈起放在濾網上。
- 接著煮蝦。蝦子稍微熟了之後馬上撈起來，剝殼、去蝦頭。
- 不要用砧板，直接拿水果刀把西洋芹、紅蘿蔔、紅洋蔥切成小塊，擺進盤子裡。
- 烏賊跟沙蝦夾到盤中，用特級初榨橄欖油、紅酒醋跟鹽巴調拌成自己喜歡的口味。

桃居・廣瀨一郎此刻的關注⑫

探訪 小野寺亞紀的工作室

小野寺亞紀的作品
彷彿是內在有生命正在日漸膨脹的生物。
位居深山的工作室裡，在她的巧手之下，
一件件曲線圓滑柔和的
藝術品一一誕生。

文—草苅敦子　攝影—日置武晴　翻譯—王淑儀

與我約在相模湖附近的餐廳碰面的小野寺亞紀，第一印象是名非常開朗的女性。帶著和煦的笑容開車載我到她的工作室，沿途走的盡是山間曲折的小路。車行時間約十分鐘，路的盡頭終於看見了窯與工作室。

此處是2005年去世的陶藝家青木亮過去的工作室，現今由小野寺及竹本由紀子兩位年輕的陶藝家於此創作。

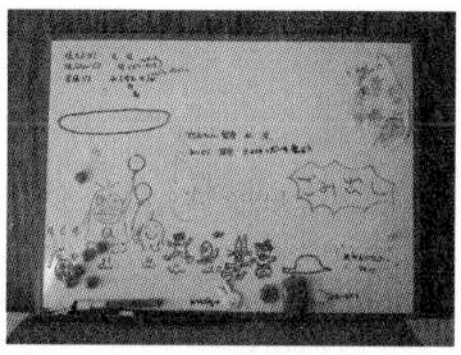

從這塊板子似乎聽見兩位女子開心的笑聲。

小野寺自中學開始，高中大學一路都上美術學校學習，大學時代專攻繪畫，有次打工是去挖掘遺跡，接觸到土器（譯註：早期燒製技術尚未精進，沒上釉藥以低溫燒製的陶器，保有土壤原有的顏色）。

「身體非常興奮，感覺自己摸到了人類創作的原點。」

大學參加陶藝社，那時的老師介紹了青木亮給她，當下就聊到去青木亮的工作室，展開正式學陶之路。

小野寺的行動力可不止於此。畢業後沒多久，即參加青年海外合作隊，兩年的期間赴中美洲的宏都拉斯去指導製陶。

「小野寺是個能量非常強的人，不論去到哪裡，都可以創作。」廣瀨一郎有感而發。

歸國後，回到老家所在的千葉創作，但因為身體狀況不佳，開始找尋一處可兼具療養身體之處的創作地點，正巧此時有其他陶藝家朋友問他要不要去對方的工作室試試，於是就

3月前往採訪時，百花正含苞待放，期待著春天的來臨。

像隻貓般被廣瀨一郎抱在腿上的是鹿形土器，是小野寺亞紀因為受到古伊朗土器的感動，進而模仿創作的作品。

使用這塊土地上的泥土，造出以蜂巢為概念的形狀。之後以直燒的方式完成一件與眾不同的作品。

來到此地展開新生活，此後兩年身體狀況漸漸改善回復，作品風格也較以往更為開闊。

群樹鬱蓊的山林中，有兩間兼具工作室與住家功能的木造平房並立為鄰，占地內還有大大的登窯、燈油窯、電窯，據說至今仍有不少人因為此處是青木亮過往生活之處而前來朝聖。長年居住於此工作室的貓咪，小白與小太郎的身影也不時閃現。

小野寺與過去我們拜訪過的陶作家不同的是，她是以藝術創作為中心，或許有不少人會認為「那是與我無關的世界」。

「那是因為日本人還不習慣讓藝術融入生活中。」廣瀨一郎語帶遺憾地指出。

41頁的作品是「磨製土器」，表面僅有淡淡的顏色及大理石般光滑的

小野寺亞紀（Onodera Aki）

1975年生於東京都葛飾區。就讀東京造形大學美術系，專攻繪畫與版畫。1998年畢業後兩年間加入青年海外合作隊前往宏都拉斯，於當地指導陶藝。2000年回國，開始於個展或聯展中展示作品。現今，一邊在位於神奈川縣的工作室創作，一邊也接口譯、於藤野斯坦納高等學園指導陶藝，亦參與廣播節目製作等等，每天都過得非常忙碌充實。

左／屋內的角落放置著青木亮與小野寺所有的各式民族樂器。右／站立海報用的木製作品放在玄關上迎接客人。

這棟建築雖已很有歷史了，小野寺似乎更因此樂在其中。

質地。這是日本少見的創作手法，以黏土造型，在乾燥的過程中以石頭將表面磨得光滑平順，而產生光澤，並在不上釉藥的狀態下，以800～1000℃的低溫燒製出帶有豔麗色澤的質感。

「她的作品很有溫度，像是生物般會自行呼吸。」

概念大多取自植物等自然界的生物，且形狀非常抽象，那是接觸泥土後自然成形的模樣。

小野寺真誠無懼地說道：「我感覺到位於自然深處的一股潮流通過我的心中，而成為這樣的造形。那是泥土的包容給我的力量。」

廣瀨一郎認為：「我感覺在她的作品之中，有股生命正被孕育著，是那樣的生命力從作品內部膨脹成我們所見的外形。」

使用這塊土地的泥土，直燒而成的作品則是與磨製土器的光滑可鑑完全相反的新創作風格。保有了土壤原來的紅色及被煙燻出來的黑色，形成了粗糙感，還有一種一觸即要崩解的危險氛圍。

「產生這樣的風格真的很令人意外。」連廣瀨一郎也為這樣的變化大為驚異。那就像是自然演變而出的形態，「不論從哪個角度看都一樣那麼美麗」，這是與此前作品的共通點。

對於今後的展望，小野寺表示：「希望有機會可以在海外製作、發表。」廣瀨一郎也非常贊同：「小野寺具有很強烈的能量，我相信她到了海外也能創作出很棒的作品，並得到她應有的評價。」

打磨細緻的泥土曲面引人更深沉地呼吸

文—廣瀨一郎　翻譯—王淑儀

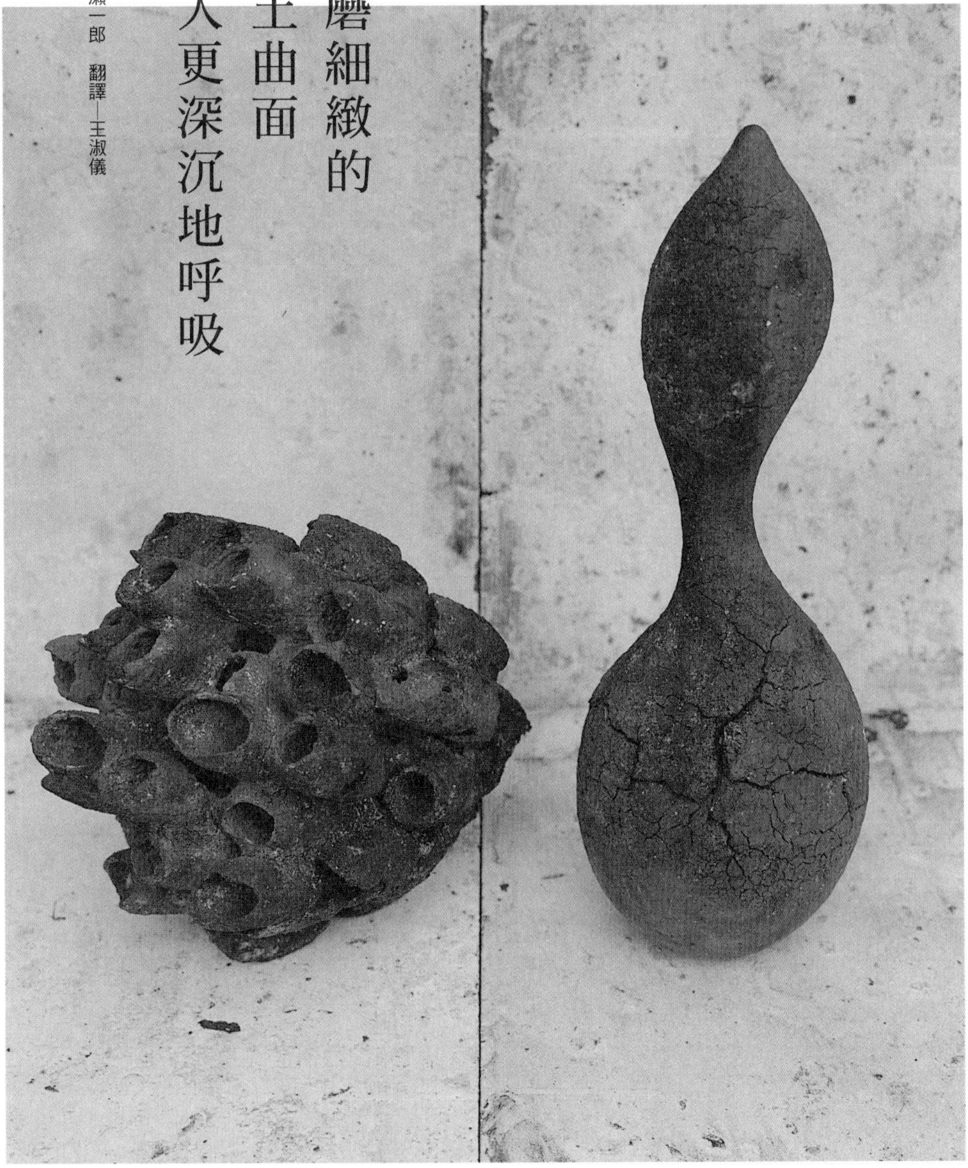

「土壤中存在著無數的微生物。因為微生物在土壤中作用，
而賦予泥土不同的性質，成為『有機物』。
每一塊土地都經過久遠的時間堆積而成，
始能生出各自不同而獨特的土壤，
也才會有所謂沒有一塊土是相同的不思議感。
這樣的土壤在經過與火的搏鬥之後，更加引出其鮮活的野性。」

■右 140×420、左 260×210mm（寬×高）

「看起來像是將深深地潛伏在內心深處，難以用言詞表述的『沉重感』
緩慢仔細地築起，再一點一滴地磨出這樣的造型。
藉由眼睛的觀賞，撫摸其表面
而造就出這和緩、柔和又帶刺的曲面。
像是在等待著誰來觸摸的溫柔線條。
讓人的心可以徹底放鬆的形狀，誘導著觀賞者做深深的呼吸。」

■右 270×290、左 190×310 mm（寬×高）

桃居　東京都港區西麻布2-25-13　☎＋81-3-3797-4494　週日、週一、例假日公休　http：//www.toukyo.com/
廣瀨一郎以個人審美觀選出當代創作者的作品，寬敞的店內空間讓展示品更顯出眾。

公文美和的攝影日記❸

美味日日

12月，公文美和前往奧地利維也納。
這是他與料理家、設計師等
工作夥伴的私人旅行。
這次的攝影日記，
每一張都傳達了旅行的愉快心情。

大家從早上就開始吃蛋糕。

放在沙哈蛋糕上的巧克力。

巧克力店。選擇包裝用的盒子。

西西皇后博物館（Sisi Museum）的入口掛著伊莉莎白的海報。

美泉宮（Schloss Schönbrunn，亦稱熊布朗宮）裡的動物園的大象屁股。

奧地利牛奶饅頭（Germknödel）。把罌粟籽奶油醬、李子醬加進又白又鬆軟的饅頭裡。

維也納的象徵：史蒂芬大教堂。

聖誕市場（Christmas Market）內的
可愛糖果屋。

像麵包一樣的美術館沙發。

德梅爾咖啡館（Demel）裡
不斷做出點心來。

維也納牛奶咖啡！
是咖啡與打成奶
泡的牛奶各半的飲
料。一定要和托盤
上的水一起享用。

一天可以吃好幾次
蛋糕，太幸福了！

德梅爾咖啡館一隅。
不知要選哪個而猶豫了
10分鐘左右。

馬悠利卡公寓
（Majolikahaus）。

洋溢著古典氣息的巧克力店。

公文美和的攝影日記❹

美味日日

公文美和與京都緣分深厚，
2007年在「maane」工作室的藝廊裡舉行個展，
很熟悉京都的點心店。
因此，這次的攝影日記，
就來介紹京都的甜點。

二條駿河屋的金糰。

月餅屋的蕨餅。
京都特有的柔軟。

放上和果子卻剛剛好，這是「maane」工作室的作品。

La Voiture的蜜蘋果塔。
是一道熬煮蘋果的甜點。

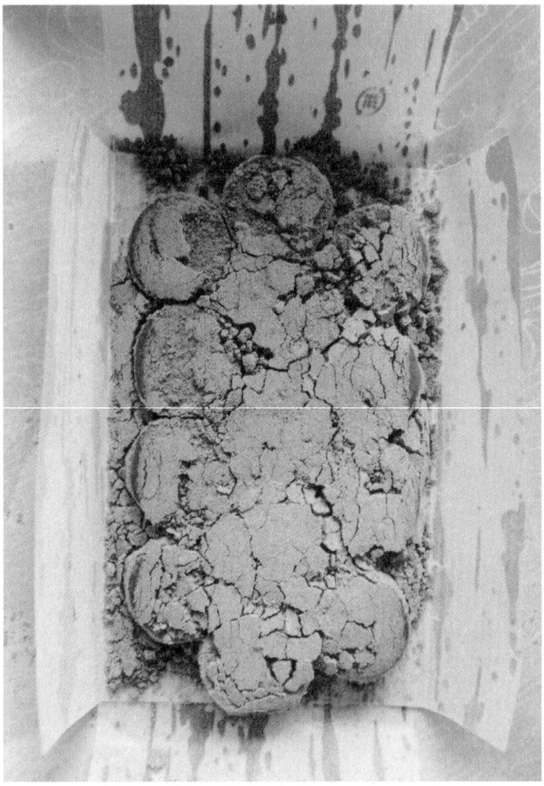

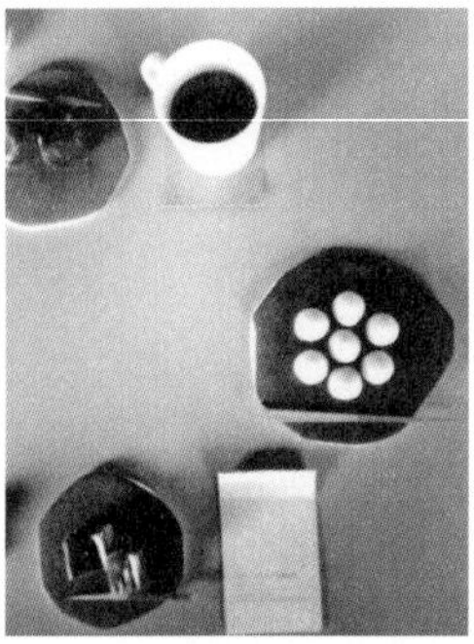

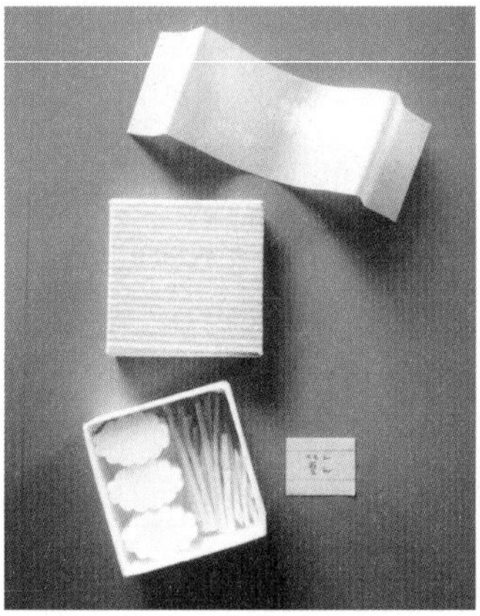

住在京都的造型師自己做的雲的形狀和菓子。

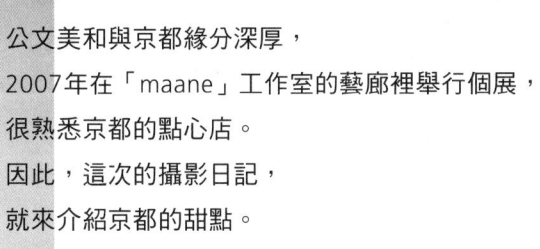

「maane」工作室
的井上由季子的媽媽
親手做的司康。

咖啡老師大宅稔給的禮物：
蜂蜜蛋糕。

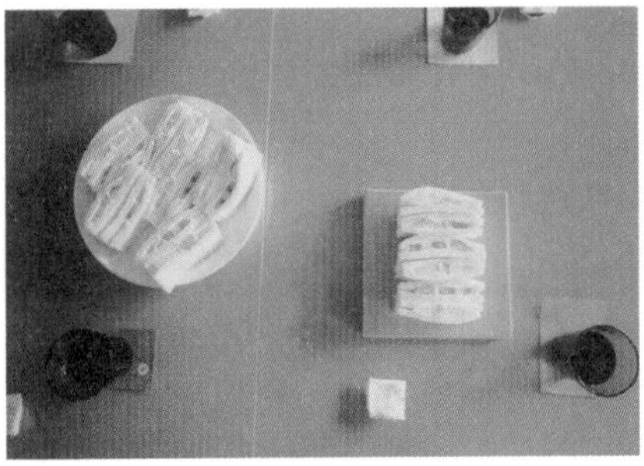

水果店賣的水果三明治。

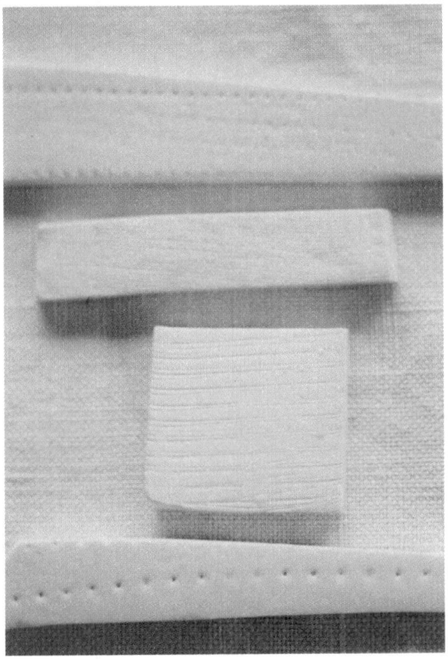

像砂糖甜點般的筷架。「maane」工作室的作品。

極樂寺的蛋糕。
這品味實在太棒了!!

大宅稔咖啡烘焙的夏威夷可那（Hawaii Kona）。

寺院的青苔也是抹茶色。

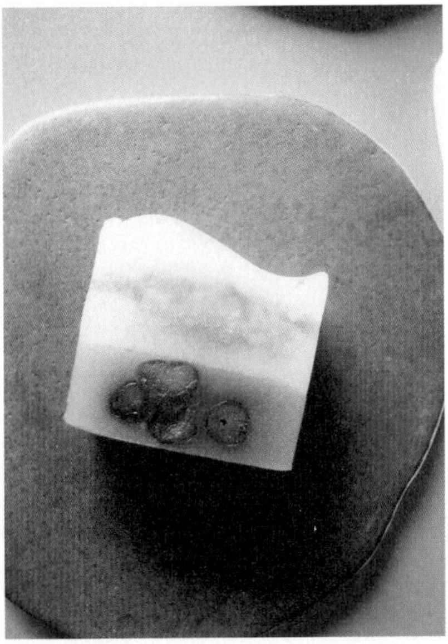

長久堂的點心。

鰈魚

松下進太郎談
江戶前壽司⑪

「這道磯鬚鱈的昆布漬請跟煎酒一起享用。」

松下進太郎端出一個盛著透明液體的小碟子。第一次來這家店的人可能會楞一下，其實千八鮨這裡，只要是斑鱵或稚鱈之類的白肉魚一定會搭配上煎酒。

煎酒是以一升的日本酒跟30顆梅干小火熬煮到剩下2合（大約2米杯）左右後，再過濾過的調味料，在清爽的酸味中帶點甘甜。江戶時代，醬油對平民來說是可望不可及的珍貴佐料，所以大家拌菜、佐菜的時候通常都用煎酒來代替。

白肉魚的滋味溫和，煎酒的確是比醬油來得適合。醬油的味道太有主張了，白肉魚壓不過它。

這一次我們的主題是鰈魚，不過松下進太郎的店裡還有種獨特的、叫做「稚鱈」的白肉魚。原名為「藻磯鬚稚鱈」，下巴的地方連著4根鬍鬚，所以通常被人稱為「鬚稚鱈」。我想江戶下町出身的松下進太郎可能是講究情趣，所以把鬚稚鱈暱稱為「鬍子鱈」，在他的店裡，白肉魚一定先用昆布醃過。

「用昆布夾住的時間一定要剛剛好控制在20分鐘，如果夾太久，魚肉就會染上昆布腥味。」

把昆布拿掉後再靜置個半天左右，讓昆布味道一點點、慢慢地滲透進魚身裡。

這壽司一入口，先嚐到鰈魚的滋味後，過個兩秒才會發覺這魚其實醃過昆布。這口味就是松下進太郎的絕活了。昆布頂多只是引出主角的一個引子而已，味道不能太突出，所以會用這樣的方式處理。

而讓這道壽司的纖細口感被襯得更突出的則是煎酒。如果使用醬油，白肉魚的細膩與昆布隱隱的海潮香便全給醬油壓了過去。松下進太郎做壽司時，連這些小細節也會考慮周全。

煎酒

在日本酒裡放進30個左右的梅干，以中小火熬煮至剩下大約2個米杯左右後，取出梅干，用濾布過濾即成。

昆布漬

昆布上擺一層魚片，盡量別重疊，魚片上再蓋一層昆布，最後以重物壓住。擺進冰箱裡醃漬20分鐘。

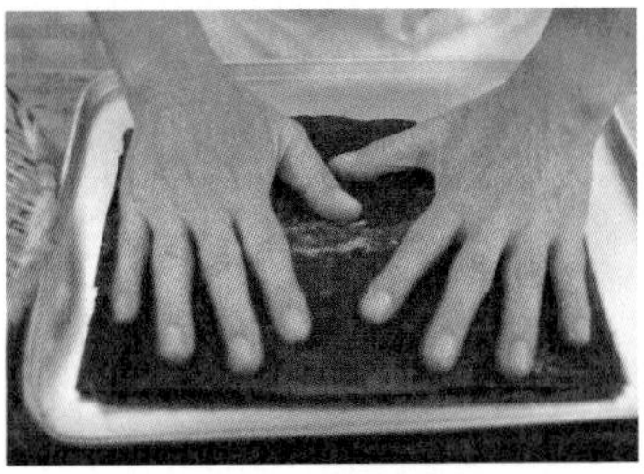

事前處理

將鰈魚片成5片，剝皮、抹鹽，過10分鐘後沖水輕輕洗去鹽巴，放在竹篩上濾乾。

印籠鑲飯

松下進太郎談

江戶前壽司⑫

「這道印籠鑲飯直接這樣吃就可以了。」

我還記得第一次看到老闆把這道菜端上桌時，楞了一下，「咦？這什麼？這也是壽司嗎？」如今想想好懷念，現在我已經愛上了印籠鑲飯。

「印籠」是一種三或五層疊起來的小長盒，古時候的人在裡頭放印章跟印泥，室町時代開始拿來裝藥丸，到了江戶後，印籠成為武士隨身必備的裝飾品。說不定大家也曾經在古裝劇裡看過武士腰間垂墜著這個印籠小盒吧！

印籠講究外觀設計，如今還留下了不少工藝級的傑作，有些喜歡古董的人也偏好收藏印籠。這道壽司就因為造型上跟印籠有點像，所以被暱稱為「烏賊印籠鑲飯」。

「這種烏賊當令肥美的時間正好是麥穗抽長的時候，所以又叫麥魷，其實就是槍烏賊的小孩啦！」

把烏賊快速汆燙，再把瓠瓜乾、甜醋薑跟烏賊鬚全都切碎，拌入醋飯後再全部塞進烏賊的管狀身體裡，然後切段，就成了印籠鑲飯。

「這道鑲飯壽司用的烏賊身體長度要短於14～15公分，太大的話不好看，吃起來也不方便。」

大廚講話總是清楚明快。

印籠鑲飯切段後，還要刷上一層叫做「友詰」的醬汁。一般壽司店的醬汁都是用星鰻做基底，不過江戶前壽司的傳統基底用的是：

「蝦子、貝類、墨魚、星鰻等四種。」

而且這友詰醬一定省不得。這樣壽司入口時，濃郁的醬汁味才不會跟魚鮮起衝突，兩相諧合、滋美味鮮。

友詰醬雖然不顯眼，但不同的魚材要搭配不同的友詰醬，做起來工程繁複。現在不曉得還剩幾家壽司店這麼做？一想到這，又不禁感佩起松下進太郎細膩的功夫了。

鑲塞

把拌好的餡料塞進烏賊的身體裡。鑲塞時，讓餡料由上往下順利地擠到烏賊身體底部，不要太空。鑲好後，把整管烏賊切成1cm寬左右，擺盤、刷上友詰醬即可。

拌餡

把瓠瓜乾、香菇、甜醋薑、澤庵蘿蔔全部切碎，大小要切得差不多一樣。海苔揉一揉，切成1cm左右大小。調理盆裡放入醋飯後，把拌料跟切碎的烏賊鬚一起倒入，用筷子拌勻，記得盡量維持米粒完整。

汆燙烏賊

握住烏賊的鬚部，連同內臟一起拉出來，清洗管狀身體內部。鍋子裡以1：0.3的比例倒入水跟酒，煮滾後，把烏賊身體跟鬚部一起放入汆燙，燙熟後馬上拿起來擺在竹篩上濾乾。鬚部切小丁。

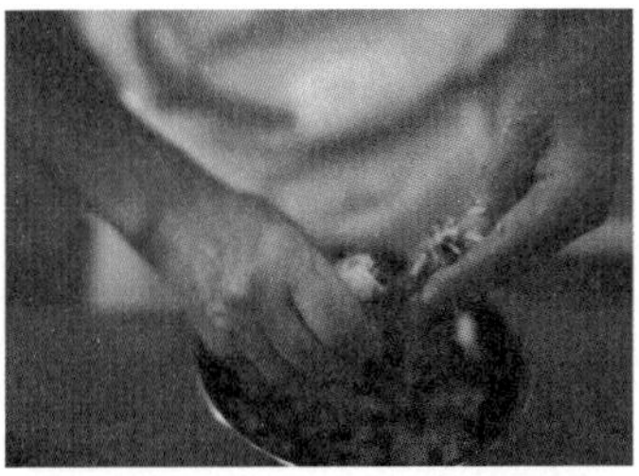

日日歡喜 ⓫

「花之器」

花兒們透過顏色和香氣
告訴我們新的季節到來。
於是我們召喚了
來自世界各國、
像春天一樣、以花為圖騰的器皿。
讓我們再次實際體會到
這是一個不分國籍、跨越時代，
一直受到喜愛的主題。

攝影—公文美和　造型設計—久保百合子　翻譯—王筱玲

公文美和（攝影師）

維也納的盤子

2007年12月造訪維也納的跳蚤市場，在陳列著餐具的平台角落，對這個不可思議的花圖案一見鍾情。這是奧地利傳統的圖樣吧！盤子一個約1000日圓，我將店頭陳列的六個盤子全部買下，還買了銀製蛋糕用叉子，很慎重地抱著它們回日本。回到日本後，這個盤子和叉子便成為享用最愛的蛋糕時最常出現的餐具。

艸田正樹（玻璃作家）

藤吉憲點的染錦與古染蕎麥豬口杯

很喜歡從側邊看蕎麥豬口杯（醬汁杯）時的倒梯形模樣。常在隨意經過的古董店裡，發現這樣看起來不起眼但卻很有味道的染製杯子，終於忍不住買下。還記得是在DM上看到藤吉憲點的器皿色彩鮮豔，令人難以忘懷，特地出門去看，簡直就像是被花引誘了一般。這是住在神樂坂一帶的時候，購於附近的小器皿店裡。

米澤亞衣（料理家）

義大利的老盤子

在義大利北邊的城鎮布拉（Bra），一家我認為最混亂、與其稱為古董店，不如稱為舊貨店的地方發現了這個盤子。在桌子下面堆積如山的雜亂物品中，這是唯一的亮點。從第一次拿在手上，過了兩年後的某天，才終於成為自己的東西。在多為單色的餐具櫃裡，這個盤子宛如盛開的紅梅。我想不只是我覺得能夠來到我家真好，這個盤子應該也有一樣的感覺。

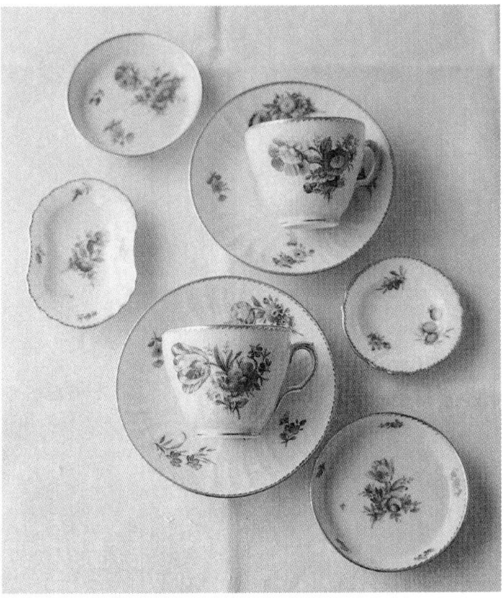

高橋良枝（編輯）

皇家哥本哈根茶具組

這是20多年以前，到丹麥旅行時買回來的。在「皇家哥本哈根」的本店，一走進最裡面展示間的瞬間，映入眼簾的就是這組茶具。它超乎想像的美，讓喜歡花的我一見鍾情。手工繪製的花朵圖案，每一朵都不一樣，器皿的背面還分別有繪畫者的簽名。用這個茶杯喝茶，總能喚起旅行的回憶。

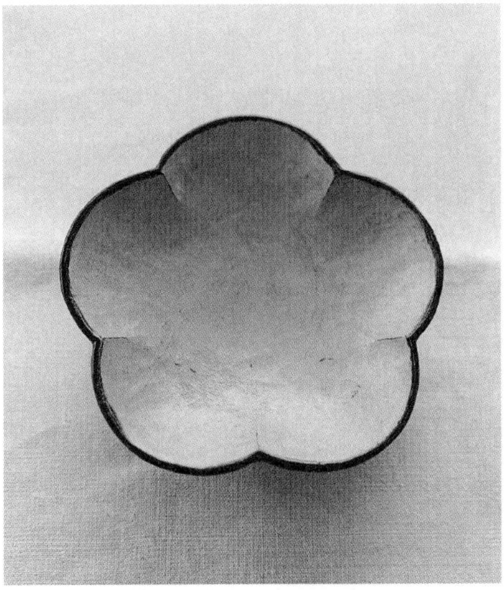

三谷龍二（木工設計師）

白漆梅花盤

這是十幾年前，我開始使用白漆時所作的器皿。對我來說，使用具象造形的器皿是很少見的，因此我結合了自己喜歡的白梅形狀，做了這個盤子當作點心盤。現在看來，白色的顏色非常沉穩，加上有不斷撫觸的感覺，可以確認這是經過時間的洗鍊所出現的白漆模樣。這讓我覺得，是不是差不多該再做一個一樣的作品了呢？

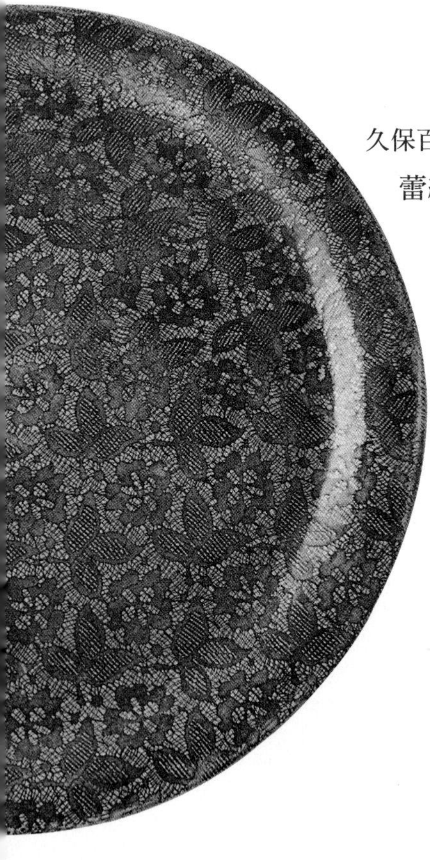

久保百合子（造型師）

蕾絲圖樣大盤

直徑44公分的超大盤子，購自「CONRAN SHOP」。這是南非一個名為WONKI WARE的工作室所作的盤子。黑色蕾絲的花樣雖然很成熟，歪曲的形狀卻很樸實，也有些民族風的感覺。因為有著各種形象，這個盤子的使用方式也很多樣化。除了盛裝料理和點心，也可當作托盤使用。

飛田和緒（料理家）

花圖樣的托盤

這是在京都的途中發現的東西。剛開始是被玫瑰圖案所吸引，本來是打算買給收集玫瑰圖樣物品的朋友當作伴手禮，但店主說還有其他的花圖樣喔，然後在他接連拿出的花圖樣中，每一個都美得讓人無法抉擇，結果買了8個。我拿這個來裝和果子、或是將各式下酒菜各放一點在上面。

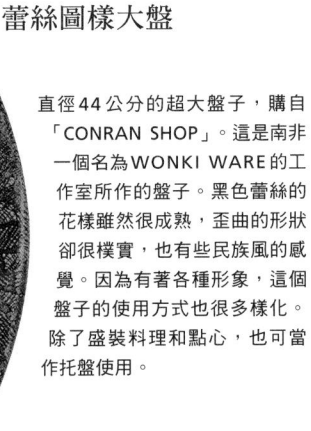

日日歡喜 ⓬

「廚房裡的玻璃器皿」

玻璃的魅力
毋庸置疑地就是透明感了。
放在餐桌上，聚集光線
更顯明亮多彩。
《日々》夥伴們使用的玻璃器皿
也是各式各樣。
這裡收集了
光看外型也令人愉悅的個性派器皿。

攝影—公文美和　造型設計—久保百合子　翻譯—王筱玲

久保百合子（造型師）

辻和美的片口與豬口杯

這組片口與豬口杯是購自於金澤的辻和美個展。辻和美的玻璃可以透過光看得到酒的滑順，讓酒的美味感倍增。光是看著空杯子，就讓人忍不住吞口水。片口很適合日本酒，但實際上豬口杯不只用來裝酒（可以用稍微大一點的玻璃杯來喝酒），裝進用來沾蔬菜和肉的醬料或是醬汁，就可以成為晚上小酌一番的組合了。

松本朱希子（青蛙食堂）

小收納罐

約5年前在京都買的。那是一家位於三条附近的店，因為也賣化學實驗器材和試管，與其說是雜貨店，更像是賣給相關業者的店。這個罐子小歸小，蓋子卻可密合，是光想著要裝什麼就會很開心的器皿。另外也有尺寸稍微大一點的、形狀不一樣的罐子，而且還有同樣尺寸的陶罐。在食堂，這個罐子是用來裝喝咖啡用的砂糖。

高橋良枝（編輯）

北歐小碗

20多年前，朋友用自己的眼光選了當時日本還沒有「只有北歐才有的好東西」進口，開始經營他精選物品的商店。這就是在開幕當時販售的碗。是瑞典女性作家的作品，同樣顏色的碗只有一個，每個都各具魅力。除了小碗，我還各買了一個大盤和大碗。用這個碗來吃素麵應該會很有趣吧！

公文美和（攝影師）

鳥形器皿

這個又大又沉、很有分量感的鳥形器皿，是深冬在巴黎跳蚤市場買到的。鳥臉和線條好像飛機一樣，讓我很喜歡，總是把它放在觸目可及的地方。從鳥喙到尾巴長30公分，有著意想不到的大容量。不論季節，總是放進糖果和水果等。每每看到發現這個器皿的人露出「這是什麼？」的驚訝神情，就讓我開心不已。

渡部浩美（設計師）

Peter Ivy的玻璃杯

約在2年前，我到「antiques tamiser」去的時候，正舉辦著住在日本的玻璃作家Peter Ivy的玻璃物件展。使用帶著溫潤色澤的玻璃、木頭和電線創作出的圓形物，真是百看不膩。我買了很喜歡的玻璃杯，是上面有很多氣泡的玻璃原色和兩個尖口形狀，現在成為喝水和氣泡水專用的杯子。

米澤亞衣（料理家）

瓶栓

大約是十年多以前，在義大利阿瑪菲（Amalfi）海岸邊的小鎮一家只賣玻璃物品的舊貨店裡找到這些瓶栓。混雜在吊燈、細緻的玻璃杯、優雅的玻璃瓶中，一張老舊桌子的角落，堆放了約十支。原本應該是香水瓶的瓶栓吧？把白酒瓶洗乾淨裝水進去，插上這個瓶栓，意外地竟剛剛好。

飛田和緒（料理家）

芥末粉溶解瓶

這是在跳蚤市場找到的東西。當時不知道是器具還是裝飾品就買下來了。在小小的瓶子裡裝進芥末粉，加入一點點的水，充分混合，為了不要接觸到空氣，將它倒放在桌上。這樣芥末的香氣和辣味就不會跑掉。沒錯，就拿來當作芥末粉溶解瓶吧！當我想到這麼做的時候，已經不知道是買回來幾年後的事了。

34號的生活隨筆❸

我家的野餐墊

圖．文—34號

我們走在井之頭公園裡頭往吉祥寺方向去，正值午餐時間，公園裡長椅上鋪了塊小方巾，主婦雙手拿著飯糰一口口餵著挨坐在旁的奶娃兒，是住在附近的居民吧？她們騎來的腳踏車就停在旁邊。大樹下兩位ＯＬ貌的年輕女性，膝上墊著小手帕，微風綠蔭下笑顏掛在臉上邊吃著便當邊聊天。「我們也去便利商店買便當吧，我也想要在公園裡野餐啊！」我對旅伴央求著，不過直到我們穿過公園到了吉祥寺，才找到一家便利商店，也就沒回去公園裡了。

其實只是尋常的一餐飯，好像移到戶外去，就變得不一樣，我總覺得有個小小魔法在野餐墊、小方巾、或格子、或碎花的一塊布上，彷彿鋪上了就有股魔法聚集力，把朋友、親人、夥伴圈住，大家圍著食物不想離開，坐在上頭會笑得特別開心、食物特別香、陽光特別美、雲兒朵朵好迷人，只想慵懶地或坐或躺，不想離開。

最近剛去沖繩旅行幾天，開著租來的車往美麗海水族館的途中，一時興起用手機依照美食部落格的介紹找了一家只賣外帶的烤雞店，帶著肚裡塞滿蒜頭、熱呼呼、香噴噴的現烤烤雞，以及路上看到超市轉進去買的啤酒、飲料、點心和水果，開到海邊，拿出平時就習慣放在包包裡的一張小小野餐墊，向著沖繩的藍天碧海即興野餐起來，這不是旅行計畫中的一部分，但卻是這次旅行特別難忘的一段回憶。

秋天天涼時，也曾磨些咖啡豆，帶壺熱水、杯子、一些點心，就這樣非常輕簡地和家人到最近的郊山，鋪上法蘭絨野餐墊，沖杯咖啡無所事事地聊天，孩子在旁開心地打滾。其實咖啡和家裡喝的沒有不一樣，但野外的氣氛讓人放鬆，野餐墊上的我們似乎更緊密，秋天風好涼、山上芒花隨風搖曳舞動，這些是在家裡喝咖啡無法感受的。每次的野餐記憶都很強烈，總讓我覺得，野餐墊與食物彷彿為我們圈起了一個小小的夢幻國度。